U0001331

餡料
滿滿

手捏爆漿飯糰

｛美味・營養・簡單｝66道
便當×野餐×點心都適合的飯糰食譜

中村美穗／著　葉明明／譯

具だくさんおにぎり

CONTENTS

 早安飯糰

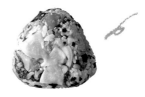

COLUMN 1

便當飯糰

COLUMN 2

看家飯糰

COLUMN 3

 # 宵夜飯糰

COLUMN 4

派對飯糰

[本書的使用方式]

- 米的計量方式是使用1杯(約180ml)的量杯。
- 其他計量器具數值是1杯＝200ml、1大匙＝15ml、1小匙＝5ml。
- 胡蘿蔔、洋蔥等蔬菜是中等大小的尺寸,雞蛋則以中型尺寸為基本。
- 清洗蔬菜、去皮等材料的準備工作已部分省略。
- 高湯如未特別註記,均為柴魚和昆布煮成的高湯。
- 鮭魚、梅乾、明太子等,依品牌不同鹽分含量也有些許差異,使用時請適量調整鹽和醬油等調味料的用量。
- 食譜中高湯的水量可能因所使用的鍋具或火力的不同,而在烹煮過程中變少,請適量添加水量以免高湯煮焦。
- 微波爐以600W為基準。若為其他瓦數的微波爐,請視情況調整所需時間。另外,請選擇微波專用的器皿,並留意突然沸騰造成燙傷。
- 烤箱是使用1000W的產品。
- 料理時間均為粗略估計。會因所使用的容器和料理器具、季節、食材的狀態
- 等而影響加熱時間,請視情況斟酌調整。
- 飯糰餡材可自行依方便製作的分量即可。剩餘的食材可「冷藏2天」或「冷凍1個月」建議儘早食用為佳。不過夏季建議在保存期限內提早食用,以免食材變質。

餡料滿滿的飯糰，
就是最棒的料理！

均衡攝取營養

營養均衡的餐點包含以米飯為基底的「主食」、加上魚或肉為主要菜色＝「主菜」、和以蔬菜為主的配菜＝「副菜」。如果選擇了滿滿餡料的飯糰，就能將這些營養一網打盡。

整理超輕鬆

想要完成一道健康的餐點，不僅料理品項要增加，也會用到許多餐具和廚房用具，整理起來十分辛苦。選擇飯糰的話，完全不需要用到餐盤或小碟子，可以減輕繁雜的清洗工作。

製作超簡單

本書集結了即使在忙碌的日常生活中也能輕鬆完成、作法盡可能簡單的飯糰食譜。只要充分運用家中既有的食材和微波爐，就能在短時間內有效率地製作出高營養價值的一餐。

想要攝取營養均衡的餐點，但是卻騰不出時間做飯、或者沒有空檔可以坐下來好好吃頓飯，這樣的情形很常見。針對如此忙碌的現代人，本書的手捏飯糰就是你的最好選擇！

方便好入口

書中所介紹的飯糰，都能同時吃到配菜和米飯，單手就能放入口中。即使是忙碌的時候也很方便食用，非常適合作為正餐。

百搭又百變

由於飯糰的餡料分量十足，不僅可以當成早餐和午餐來享用，也很適合作為下酒菜或派對料理。只要變換餡料和外觀，就能充分發揮手捏飯糰的創作樂趣。

很有飽足感

飯糰通常給人的印象屬於輕食點心，但書中餡料滿滿的飯糰加入了主菜，分量感十足。吃起來不僅口感好，也能飽腹，絕對讓你超滿足。

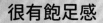

均衡攝取 5 大營養素

打造骨骼與
肌肉的必備要素

礦物質是鈣、鐵、鋅等人體內無機物的總稱。鈣可以打造健康的骨骼與牙齒。如果缺鐵和銅容易引起貧血,缺乏鋅的話有可能會導致味覺喪失。

〔富含礦物質的食品〕
• 海藻　• 菇類　• 牛奶和乳製品
• 蔬菜　• 肝臟　• 魚貝類

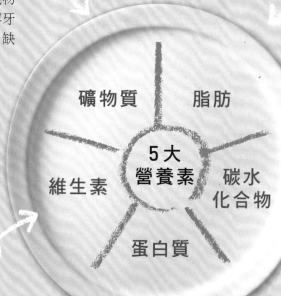

礦物質　　脂肪

5 大
營養素

維生素　　　　碳水
化合物

蛋白質

幫助其他營養素
有效發揮作用的潤滑油

太少吃蔬菜或壓力過大往往都會導致維生素缺乏。維生素A、C、E具有抗氧化的功用、維生素B群能恢復疲勞和預防貧血、維生素D可以促進鈣質的吸收。

〔富含維生素的食品〕
• 肝臟　　• 蔬菜　　• 水果
• 魚貝類　• 雞蛋　　• 豆類及豆製品

維持健康所必須的營養素，就是碳水化合物、脂肪、蛋白質、維生素和礦物質這五項。充分均衡地攝取這些營養素，才能讓身體各部位的功能更順暢地運作，發揮最大的效果。

製造細胞膜和血液的材料

油脂中含有人體無法自行合成的必需脂肪酸，可以成為人體細胞膜的成分與荷爾蒙的材料。必需脂肪酸在植物油和魚類當中含量較為豐富，以這兩大項為中心來攝取應該就很足夠。

〔富含脂肪的食品〕
• 植物油　• 奶油　• 魚和肉的脂肪　• 核果類　• 芝麻

支持身體活動的能量來源

主要成分的糖質，能加快消化吸收的速度，有效成為身體能量的來源。是維持腦部和身體運作所不可或缺的，如果缺乏有可能會導致注意力不集中。碳水化合物中含有人體難以消化的膳食纖維，具有整腸、預防便秘和提升免疫力的效果。

〔富含碳水化合物的食品〕　　　　　〔富含膳食纖維的食品〕
• 米飯　• 麵包　• 麵類　• 地瓜　　• 根菜類蔬菜　• 豆類　• 海藻　• 菇類

維持身體「細胞」功能的主要成分

蛋白質經由消化會分解成20種胺基酸，其中又有9種被稱為必需胺基酸，須經由食物來攝取。建議均衡攝取魚、肉等動物性蛋白質以及豆類等植物性蛋白質。

〔富含蛋白質的食品〕
• 魚貝類　• 肉類　• 雞蛋　• 豆類及豆製品　• 牛奶和乳製品

達到營養均衡的 3 大祕訣

Tips 1 善用儲備食材

準備可以長時間保存，
營養價值又高的食材，
在「想要注重營養均衡」的時候，
就能立即派上用場！

乾貨 乾貨的營養都濃縮在一起，所以只要加上一點點，營養價值
就能大幅提升。還能補充容易缺乏的鈣質和食物纖維，建議
可以積極地攝取。

照片中為櫻花蝦、細切昆布、柴魚片、木耳、蘿蔔絲乾。

一般人往往都認為均衡攝取營養的飲食是十分困難的，但其實只要掌握一些訣竅，絕對比你想像中更容易！在此特別為大家介紹3個輕鬆就能完成的祕訣。

速食調理包・罐頭　魚和肉等如果使用罐頭可以縮短料理時間。不妨事先備妥一些即食包和罐頭，這樣就算突然發現冰箱冷藏室內沒有食材，也不用擔心。

市售的冷凍蔬菜是將鮮採蔬菜經過加熱處理後，急速冷凍的產品，所以依然能保有鮮度和營養價值。不僅能縮短料理時間，同時也是在顆粒分明的狀態下冷凍而成的，即使少量使用也很方便。

冷凍蔬菜

Tips 2 將事先做好的配菜充分運用

事先一次做好幾道可以冷凍保存的配菜，即使在忙碌的日子也
能製作出營養均衡的料理！

蔥花鹽炒青菜&
吻仔魚
作法請見p.056

炒牛蒡
作法請見p.057

雞肉&蔬菜的泰
式碎肉
作法請見p.113

試著更換米飯的種類，並加入芝麻與核果

維他命含量豐富的五穀雜糧和芝麻、核果類是提升營養價值的
知名配角。與各式各樣的食材都很好搭配，可以輕鬆為料理增
加營養素。

糯小麥

黑芝麻

五穀雜糧米

糙米

白芝麻

核果類

更換米飯的種類

五穀雜糧和糙米中所含的維他
命、礦物質和食物纖維都很豐
富。只要替換米飯種類，就能提
升飯糰的營養價值。

加入芝麻與核果

芝麻與核果都含有豐富的維他命
E成分，可以適量混入米飯中，
或撒一些在剛捏好的飯糰上，就
能補充營養素。

製作飯糰的 3 大重點

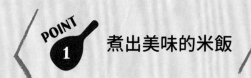
製作飯糰的第一步就是要煮出美味的米飯。
飯糰所使用的米飯要煮的稍微硬一點。
在這裡介紹的是用鍋子煮飯的方法。

1. 在調理盆中倒入以量杯精準計算的米，然後加水。如果使用礦泉水或純水，煮出來的米飯會更好吃。

2. 先稍微攪拌一下，然後立即把水倒掉。米如果一直浸泡在水裡會吸附米糠等雜質，所以最先注入的水一定要盡快倒掉。

3. 再次注入清水，以相同方向，如畫圓般使用輕柔的力道洗米。之後將水倒掉，重複同樣的步驟2～3次。

只要掌握米飯烹煮的方式、衛生管理以及飯糰捏製的方法，就能製作出方便食用又好吃的飯糰。

 →  →

4. 將以濾網瀝乾水分後的米和水（水量約為米的容量1.2倍再少一點）放入鍋中，浸泡一下。

※ 夏天浸泡約20分鐘，冬天約40分鐘。

5. 蓋上鍋蓋開至強火，直到聽見鍋中有噗次噗次膨脹的聲響之後（鍋中如照片上的狀態），再調成小火煮17分鐘。

6. 關上火維持蓋鍋的狀態悶個10分鐘，然後將米飯攪拌一下。

※ 在鍋蓋下方墊上一條乾淨的廚房布巾，再移至保溫飯鍋比較不易沾黏。

糙米的浸泡時間

浸泡時間夏天約為6小時、冬天約為12小時。

五穀雜糧米的調配重點

先放入白米，再放五穀雜糧（約3杯白米搭配3大匙雜糧米），最後加入與五穀雜糧等量的水。

電子鍋的煮飯重點

使用電子鍋煮飯時，水量要比標記線再稍微低一點點。

POINT 2　確實做好衛生管理

為了能安心享用美味的飯糰，
一定要掌握衛生管理的基本原則。

避免食材腐敗

新鮮的食材盡快吃完是首要原則。飯糰如果要經過一段時間才享用，餡料必須要先加熱徹底煮熟，待變涼之後再捏成飯糰。食材還是溫熱的話，蒸氣很容易造成內容腐敗。

器具徹底清潔

器具和容器要保持清潔，建議噴上廚房專用的除菌酒精來達到除菌效果。特別像是醃漬物等，不需加熱就能使用的食材，菜刀和切菜板的除菌工作要更徹底！噴上酒精後要等乾了再使用。記得事先確認器具是否可用酒精消毒再進行。

分量冷凍保存

米飯若在室溫下放置了一段時間很容易繁殖細菌，所以建議最好放涼後分成一餐一餐的分量，儘早冷凍保存。

避免細菌沾染

料理前請先將手指和器具徹底清洗乾淨。由於放置時間過長容易滋生細菌，製作便當或備用飯糰時不要徒手捏，一定要使用保鮮膜或拋棄式的塑膠手套。手套建議選擇經過防滑加工處理的產品，米飯較不容易沾黏，只需適度出力就能捏好飯糰。

POINT 3

避免飯糰鬆散的塑形法

依不同的餡料來變換捏製塑形的方法，是避免飯糰鬆散的訣竅。
如果是要作為飯糰便當，會間隔一段時間才享用的話，捏好之後
記得先放涼，然後用保鮮膜再重新塑形一遍。

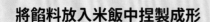

將餡料放入米飯中捏製成形

製作的基本原則是在熱騰騰的米飯中先放入餡料捏成飯糰。
也可以最後將少許餡料放在飯糰上，就會更清楚裡面包的是什麼了。

1. 兩手先沾水，再將水輕輕甩
   掉，使皮膚濕潤。

2. 以兩指沾取適量鹽巴。

3. 將鹽巴在手掌中搓揉開來。

4. 挖一顆飯糰分量的米飯在手中攤開，中間放上餡料。

5. 將米飯對折合併，包覆住餡料。

6. 將飯糰輕輕捏製塑形，使米飯密合在一起。

❀ 混入大塊的餡料

大塊的餡料要使用保鮮膜來塑形，才能捏出漂亮的飯糰。

1. 在調理盆或碗中先鋪上保鮮膜，放入一顆分量的米飯和餡料大致攪拌一下。

2. 將餡料攪拌均勻之後，捏成自己喜愛的形狀，同時用保鮮膜包起來。

3. 最後再用手加以調整塑形。用保鮮膜包起來放置一下，等定型後就更不容易鬆散了。

混入小塊的餡料

肉末等較為零碎的食材，要先將餡料與米飯混合均勻後再塑形。

1. 在調理盤鋪上保鮮膜，放入米飯（照片中為兩顆飯糰的分量）。

2. 加入餡料，用湯匙將餡料與米飯混合均勻。

3. 戴上拋棄式手套，將餡料和米飯揉捏塑形。

早安飯糰

以飯糰作為清晨起床的開始鍵

想要精神飽滿的度過一整天，好好吃一頓早餐，讓營養送達腦部非常重要。早上除了成為能量來源的米飯（醣類）之外，也需要攝取蛋白質和蔬菜。蔬菜含有豐富的膳食纖維，同時也能發揮預防便秘的效果。

餡料選擇烤鮭魚或炒蛋等，早餐的基本款配菜組合就OK！如果還有時間的話，加上味噌湯或優酪乳、水果等，營養價值會更高。平時容易缺乏的鈣和鐵，可以利用吻仔魚和櫻花蝦、海藻類、起司等來補足，建議不妨積極攝取。同時，可以活用不需料理的食材或常備菜、剩菜等，輕鬆又健康地享用早餐。

鮭魚蘆筍
奶油乳酪 (p.025)

青江菜
美乃滋鮭魚 (p.026)

鮭魚蘆筍
奶油乳酪

用杏仁
增加維他命E

▶ **材料（分量2顆）**

米飯（加入五穀雜糧） … 1碗（約160g）

鹽漬鮭魚切片 … 1/2片（約50g）

綠蘆筍 … 2根

奶油乳酪（多塊1cm大小） … 18g

杏仁（拍碎） … 適量

鹽巴 … 少許

▶ **作法**

1 用削皮器把綠蘆荀根部較硬的皮削去，將下段斜切薄片，上段切成約2cm的長度。然後放入耐熱容器中加一小匙的水（可適量調整），接下來包上保鮮膜用微波爐加熱1分鐘。除去水分，撒上少許鹽巴。

2 將鮭魚片放在錫箔紙上，先用烤箱烤8分鐘，再除去鮭魚皮和骨頭，分成容易食用的大小。

3 把撒上少許鹽巴的米飯和蘆筍、步驟2的食材以及奶油乳酪混合，分成兩等分並捏成飯糰，最後撒上杏仁。

MEMO
為了突顯鮭魚的存在感，刻意分成較大塊。

青江菜
美乃滋鮭魚

只需要使用微波爐就能迅速完成的飯糰，讓早晨超輕鬆！

▶ **材料（分量2顆）**

米飯 … 1碗（約160g）
青江菜 … 1/2顆（約40g）
水煮鮭魚（罐頭） … 40g
美乃滋 … 1大匙
羊栖菜香鬆 … 1大匙
醃蘿蔔 … 2片
鹽巴 … 少許

▶ **作法**

1 把青江菜切成1cm寬的長度，放入耐熱容器中並加入一小匙的水（可適量調整），包上保鮮膜用微波爐加熱50秒。除去水分，撒上少許鹽巴並將醃蘿蔔切成末。

2 將罐裝鮭魚的水分瀝除，與美乃滋攪拌混合均勻。

3 把米飯、羊栖菜香鬆與步驟1的材料攪拌混合之後，分成兩等分。然後將步驟2材料的各1/4分量分別放入混合好的米飯中捏成飯糰，剩下分量再分別裝飾在飯糰頂部。

MEMO

將醃蘿蔔切成末會比較容易混合。

鮭魚涼拌
海帶芽 (p.028)　｜　胡蘿蔔蘑菇
炒味噌鯖魚 (p.029)

鮭魚涼拌
海帶芽

韓式涼拌菜
也很適合作
為常備菜

▶ **材料（分量2顆）**

米飯（加入糯小麥）⋯ 1碗（約160g）

鹽漬鮭魚（切片）⋯ 1/2片（約50g）

海帶芽香鬆（軟式）⋯ 2小匙

蕪菁 ⋯ 1顆

蕪菁葉 ⋯ 1顆（約20～30g）

炒過的白芝麻 ⋯ 少許

A 芝麻油 ⋯ 1小匙

醬油 ⋯ 1/2小匙

鹽巴 ⋯ 少許

▶ **作法**

1 將蕪菁去皮後以十字縱切成1/4圓片，和切碎的蕪菁葉一起放入耐熱容器中，用保鮮膜包起來微波加熱一分鐘。待放涼後除去水分，與調味料A混合均勻。

2 把鮭魚片放在錫箔紙上，先用烤箱烤8分鐘，再除去魚皮和骨頭，分成容易食用的大小。

3 將加入了海帶芽香鬆的米飯、步驟1材料的1/3分量，和鮭魚混合均勻分成兩等分，捏成飯糰，最後撒上芝麻。

MEMO

海帶芽是補充礦物質的首選食材。

胡蘿蔔蘑菇
炒味噌鯖魚

使用鯖魚罐頭
快速又方便！

▶ **材料（分量2顆）**

米飯 ⋯ 1碗（約160g）

水煮鯖魚（罐頭）⋯ 40g

舞菇 ⋯ 20g

胡蘿蔔（磨碎）⋯ 1大匙

薑（磨碎）⋯ 少許

芝麻油 ⋯ 1小匙

A 味噌、料酒 ⋯ 各1小匙
　砂糖 ⋯ 1/2小匙

▶ **作法**

1 將舞菇用手撕開。

2 在預熱好的平底鍋內倒入芝麻油，將舞菇
和瀝掉水分的鯖魚、胡蘿蔔、薑放進去用
中火拌炒。待整體拌炒均勻後再加入混合
好的調味料A，以中火繼續燉煮，直到湯汁
收乾後就關火。

3 把米飯和步驟2完成的配料混合分成兩等
分，捏成飯糰。

MEMO
使用鯖魚罐頭不僅可以
縮短時間，也能充分攝
取到魚的營養。

只要一個平底
鍋就能完成料
理，不僅節省時
間，事後也能輕
鬆清洗！

醬燒奶油
玉米煎明太子

▶ **材料（分量2顆）**

米飯 ⋯ 1碗（約160g）

明太子 ⋯ 1小條（約30g）

奶油 ⋯ 1小匙

菠菜（冷凍） ⋯ 30g

玉米粒（罐頭） ⋯ 2大匙

醬油 ⋯ 1/2小匙

烤海苔 ⋯ 適量

▶ **作法**

1 在預熱好的平底鍋內放入明太子乾煎，同時在鍋緣放入奶油加熱融化，再加入菠菜和瀝過水分的玉米粒一起拌炒，並加入醬油調味。

2 將明太子切成1cm左右的大小，和其餘的配料一起與米飯混合均勻，然後分成兩等分捏成飯糰，包上海苔。

辣炒高麗菜火腿

▶ **材料（分量2顆）**

米飯 ⋯ 1碗（約160g）
南瓜 ⋯ 30g
木耳（乾燥） ⋯ 1片
烤火腿（切片） ⋯ 3片
高麗菜 ⋯ 30g
沙拉油 ⋯ 1小匙
伍斯特辣醬 ⋯ 2小匙

▶ **作法**

1 把南瓜切成1～1.5cm大小，然後將乾木耳用水泡發之後切末，另外再將火腿和高麗菜切成約1.5cm的大小。

2 在預熱好的平底鍋中抹上一層沙拉油，放入南瓜和木耳以中火拌炒。待拌炒均勻之後倒入2大匙的水（可適量調整）然後蓋上鍋蓋燜煮。

3 待水分收乾之後再加入火腿和高麗菜炒熟，最後倒入伍斯特辣醬混合均勻。

4 將米飯和步驟3完成的配料混合分成兩等分，捏成飯糰。

MEMO
木耳的維他命D含量很高，鐵質和食物纖維也很豐富。先將乾木耳用水泡發後切碎冷凍起來，之後使用就很方便。

雞胸肉拌梅子味噌

利用雞胸肉的
蛋白質&梅子
的酸味讓
精神飽滿

▶ **材料（分量2顆）**

米飯（糙米）⋯ 1碗（約160g）

四季豆 ⋯ 20g

梅乾（去核）⋯ 1粒

味噌 ⋯ 1小匙

水煮雞胸肉（罐頭）⋯ 40g

▶ **作法**

① 將四季豆去蒂，切成1cm左右的長度。然後放入耐熱器皿中加入1大匙的水（可適量調整），用保鮮膜包起來微波加熱1分鐘。除去水分放涼。

② 把切碎的梅乾與味噌混合，加入步驟1的四季豆和瀝掉水分的雞胸肉拌勻。

③ 將米飯和步驟2的配料混合後分成兩等分，捏成飯糰。

MEMO

加入味噌之後，可以讓梅子的酸味變溫和。

培根小松菜炒蛋

將早晨的基本款
配菜做成飯糰

▶ **材料（分量2顆）**

米飯 … 1碗（約160g）
培根（切丁） … 20g
雞蛋 … 1顆
小松菜 … 40g
牛奶 … 1小匙
鹽巴、胡椒 … 各少許
沙拉油 … 適量

▶ **作法**

① 將培根和小松菜切成1cm寬。

② 在預熱好的平底鍋內抹上一層沙拉油，放入
步驟1的配料以中火拌炒。等到小松菜變軟
之後，撒上鹽巴和胡椒先盛入盤中。

③ 使用同樣的平底鍋加入沙拉油，倒入混合了
牛奶和少許鹽巴的蛋液，以耐熱橡膠刮刀大
幅度攪拌做出鬆軟的炒蛋。

④ 將米飯和步驟2的食材、步驟3的配料約略混
合後分成兩等分，捏成飯糰。

MEMO 小松菜用油炒過後，可
以提升β-胡蘿蔔素的吸
收。

鮪魚胡蘿蔔炒蛋

醃蘿蔔絲含有豐富的食物纖維、鐵質和鈣質

▶ **材料（分量2顆）**

米飯 … 1碗（約160g）
胡蘿蔔 … 40g
鮪魚（無油罐頭） … 35g
雞蛋 … 1顆
沙拉油 … 1小匙
醬油 … 1/2小匙
鹽巴、青海苔 … 各少許

▶ **作法**

① 把胡蘿蔔切成約3cm長的絲狀。

② 在預熱好的平底鍋內抹上一層沙拉油，放入步驟1和未瀝水的鮪魚，以中火拌炒直到胡蘿蔔絲變軟。接著倒入蛋液大幅度攪拌，等蛋液熟透之後再加上醬油和鹽巴調味。

③ 將米飯和步驟2的配料混合後分成兩等分，捏成飯糰，最後撒上青海苔。

鹽昆布青椒炒鮪魚

加上昆布的甘甜，
讓整體風味
更上一層

▶ **材料（分量2顆）**

米飯 ··· 1碗（約160g）

青椒 ··· 1顆

鮪魚（無油罐頭） ··· 70g

沙拉油 ··· 1小匙

A 美乃滋 ··· 1大匙

　麵味露（3倍濃縮） ··· 1小匙

　鹽昆布 ··· 1小匙

▶ **作法**

1 把青椒對半切開去蒂和籽，以手撕成約1.5cm的塊狀。

2 在預熱好的平底鍋內抹上一層沙拉油，放入青椒以中火拌炒。青椒炒出光澤後加入未瀝水的鮪魚，待湯汁收乾後再加入調味料A，攪拌均勻輕輕拌炒。

3 將米飯和步驟中2的配菜混合後分成兩等分，捏成飯糰。

紅紫蘇拌胡蘿蔔
✕ 醃蘿蔔絲佐吻仔魚

蘿蔔含有
豐富的膳食纖維、
鐵質和鈣質

▶ **材料（分量2顆）**

米飯（加入糯小麥） ⋯ 1碗（約160g）

吻仔魚乾 ⋯ 2大匙

毛豆（煮熟去殼） ⋯ 2大匙

紅紫蘇香鬆 ⋯ 少許

胡蘿蔔 ⋯ 60g

醃蘿蔔 ⋯ 15g

A 醬油、鹽巴 ⋯ 各少許

　 紅紫蘇香鬆 ⋯ 1/2小匙

▶ **作法**

① 將胡蘿蔔切成短絲，醃蘿蔔絲先泡水再切成1～2cm 的長度。接著一起放入耐熱容器中倒入一杯水（可 適量調整），包上保鮮膜微波加熱5分鐘後，用網篩 過水放涼，待水分瀝乾再把調味料A混合進去。

② 將米飯和步驟1配菜的1/3分量、吻仔魚乾和毛豆混 合均勻分成兩等分，捏成飯糰，最後撒上紅紫蘇香 鬆。剩下的蘿蔔可以當小菜吃喔！

櫻花蝦柴魚拌乳酪

▶ **材料（分量2顆）**

米飯 … 1碗（約160g）

花椰菜 … 30g

加工乳酪（多塊1cm大小） … 30g

A 櫻花蝦（乾燥） … 約2大匙

柴魚片 … 1小撮

醬油 … 1/2小匙

加入起司
和櫻花蝦，
補充滿滿鈣質

▶ **作法**

① 將花椰菜切成約1.5cm大小，較硬的部分切成薄片。接著放入耐熱容器中倒入2小匙水（可適量調整），包上保鮮膜微波加熱1分鐘，之後用網篩過水放涼，除去水分。

② 把材料A、乳酪與花椰菜混合均勻。

③ 將米飯和步驟2的配料混合後平均分成兩等分，捏成飯糰。

飯糰的最佳搭檔！

淺漬蔬菜

中華風即食
涼拌小黃瓜

檸檬鹽麴
高麗菜

覺得需要補充一些蔬菜的時候，不妨試著製作幾道方法簡易又能立即享用的淺漬小菜吧！有時間的話，建議可以先在冰箱冷藏一小時左右，會更入味。

中華風即食涼拌小黃瓜

拍打後更容易入味

▶ 材料和作法（2人份）

1. 先把一根小黃瓜的兩端切掉，放入保鮮袋中用桿麵棍拍打直到出現裂痕，然後用手剝成容易食用的大小。

2. 在小黃瓜中加入薑末1/2小匙、芝麻油和醋各1小匙、醬油1/2小匙、鹽1/4小匙、切碎的榨菜（可依個人喜好增減）2小匙、切成圈狀的紅辣椒（可依個人喜好增減）一小撮混合均勻。

檸檬鹽麴高麗菜

鹽麴、檸檬可控制鹽分攝取

▶ 材料和作法（2人份）

1. 將高麗菜80g用手撕成約2cm的大小，胡蘿蔔20g切絲。接下來一起放入耐熱容器中倒入2小匙的水，包上保鮮膜微波加熱1分鐘後，除去水分放涼。

2. 把步驟1的配料放入保鮮袋中，加入鹽麴、檸檬汁、切碎的昆布各1小匙混合均勻。

日式涼拌
芝麻花椰菜

涼拌甜醋
吻仔魚醃蘿蔔

和風湯頭涼拌
蕪菁小番茄

日式涼拌芝麻花椰菜

使用微波更迅速

▶ **材料和作法（2人份）**

1 把花椰菜60g切成3～4等分。將一整顆花椰菜莖（約40g）較硬的部分切除，其餘切成薄長方形。接著一起裝入耐熱容器中加上2小匙水，用保鮮膜包起來微波加熱1分鐘，之後除去水分放涼。

2 在步驟1中加入麵味露（3倍濃縮）、醋、炒過的白芝麻各1小匙，和少許鹽混合均勻。

涼拌甜醋吻仔魚醃蘿蔔

調味料只需要壽司醋就OK

▶ **材料和作法（2人份）**

1 將胡蘿蔔20g切成短絲，醃蘿蔔絲15g泡水後切成約2cm長。接著一起裝入耐熱容器中加上1/2杯水，包上保鮮膜微波加熱4分鐘。之後用網篩撈起來放涼、瀝乾水分。

2 在蘿蔔中加入吻仔魚2大匙、壽司醋1大匙混合均勻。要吃之前，再拌入切絲的青紫蘇2片。

和風湯頭涼拌蕪菁小番茄

利用少量的柴魚片就能輕鬆調出湯頭

▶ **材料和作法（2人份）**

1 將蕪菁一顆（90g）任意切塊，蕪菁葉一顆（20～30g）任意剁碎放入保鮮袋中，再加入鹽1/4小匙輕輕搓揉，放置約5分鐘後瀝乾水分。

2 在耐熱容器中倒入熱水50ml，然後加入柴魚片1大匙、醬油和味醂各1/2小匙、鹽1/4小匙混合均勻。

3 在步驟2的材料中加入蕪菁、和6顆小番茄混合均勻。

早安飯糰

便當飯糰

看家飯糰

宵夜飯糰

派對飯糰

便當飯糰

加入飽足感十足的餡料

　　作為便當的飯糰，必須要能應付一整個下午的活動，建議最好選擇魚或肉等具有飽足感的食材。強調分量感和注重卡路里的食譜，在活動量大的中午來享用，據說可以消耗能量、也比較不容易發胖喔！

　　攝取魚和肉等較多的蛋白質時，往往容易缺乏膳食纖維和維他命，不妨將白飯換成糙米或是五穀雜糧米，同時多攝取一些蔬菜和海藻類。在飯糰中加入含有維他命的食材可以提升營養素的吸收，促進新陳代謝。

　　將飯糰做成便當時，要特別留意食物衛生這個環節。一起掌握p.16的重點來製作飯糰吧！

薑燒豬肉佐
花椰菜煎蛋 (p.053)

雙椒味噌
炒豬肉末 (p.054)

薑燒豬肉
佐花椰菜煎蛋

將人氣配菜
結合在一起

▶ 材料（分量2顆）

米飯1碗 … （約160g）

豬里肌薄片 … 60g

片栗粉（日式太白粉）… 2小匙

花椰菜 … 40g

沙拉油 … 適量

炒過的白芝麻 … 適量

雞蛋 … 1顆

A 醬油 … 2小匙

　味醂 … 1大匙

　薑（磨碎）… 1/2小匙

B 味醂 … 1小匙

　鹽巴 … 少許

▶ 作法

1 將花椰菜分成小株後，切成約1.5cm的大小，較硬的部分切成薄片。接著放入耐熱容器中倒入2小匙水（可適量調整），包上保鮮膜微波加熱1分鐘。用網篩撈起來放涼、除去水分。豬肉先切成2～3cm的大小，再沾滿片栗粉。

2 在預熱好的平底鍋上放入沙拉油，把混合了調味料B的蛋液倒入鍋中以刮刀攪拌，成型後捲起。將煎蛋取出盛盤，切成約2cm的大小。

3 使用同樣的平底鍋抹上一層沙拉油，放進豬肉以中火拌炒。待肉熟透之後加入調味料A繼續拌炒，直到豬肉變得油亮有光澤後即可起鍋。

4 將灑了少許鹽巴（可適量調整）的米飯和花椰菜、蛋和步驟3的配料混合後分成兩等分，捏成飯糰，最後撒上芝麻。

MEMO

煎蛋只要大致煎成一張蛋皮就OK了。開小火直到蛋液都熟透。

雙椒味噌炒豬肉末

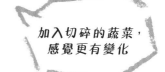

加入切碎的蔬菜，
感覺更有變化

▶ **材料（分量2顆）**

米飯（加入糯小麥） … 1碗（約160g）

豬絞肉 … 60g

青椒 … 20g

甜椒（紅） … 20g

長蔥 … 15g（5cm）

芝麻油 … 1/2小匙

片栗粉（日式太白粉） … 1/2小匙

A 味噌、味醂 … 各1小匙

　胡椒 … 少許

　大蒜（磨碎） … 少許（可依個人喜好增減）

▶ **作法**

1 把青椒、甜椒、長蔥切成粗末。

2 在預熱好的平底鍋內倒入芝麻油，放進豬絞肉和步驟1的配料以中火拌炒。待肉末炒熟之後撒上片栗粉，攪拌均勻，再加入混合好的調味料A，直到炒出油亮感就可以起鍋。

3 將米飯分成兩等分，各包入步驟2材料分量的1/4捏成飯糰。最後將剩餘一半的配料分別放在飯糰上當成點綴。

MEMO

將味噌豬肉末分成小分量，冷凍起來更方便。

照燒鮭魚牛蒡
野澤菜捲 (p.056)

鹽炒青菜吻仔魚
佐明太子 (p.057)

照燒鮭魚牛蒡野澤菜捲

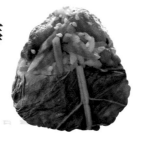

可以迅速完成的
炒飯風飯糰

▶ **材料（分量2顆）**

米飯 …1碗（約160g）
明太子 … 1/2條（約15g）
雞蛋 … 1顆
榨菜 … 1小匙
醬油 … 1/2小匙
鹽巴、胡椒 … 各少許
沙拉油 … 1小匙

蔥花鹽炒青菜&吻仔魚

吻仔魚乾 … 3大匙（約20g）
小松菜（或蕪菁葉） … 50g
長蔥 … 20g
鹽巴 … 1/4小匙
芝麻油 … 1小匙

▶ **作法**

① 製作蔥花鹽炒青菜&吻仔魚。把小松菜和長蔥切成蔥末。在預熱好的平底鍋內倒入芝麻油，放入小松菜和長蔥以中火拌炒。待青菜變軟之後再加入吻仔魚乾拌炒，以鹽來調味。

② 把榨菜切碎。

③ 預熱另一個平底鍋，放入明太子一邊翻轉一邊煎。待熟透之後取出，將明太子輕輕攪拌弄碎。

④ 使用同樣一個平底鍋放入沙拉油，倒入蛋液後一邊混合一邊拌炒。待蛋液熟透後關火加入榨菜，以醬油、鹽和胡椒來調味。

⑤ 將米飯和步驟1材料的1/3分量、步驟3、步驟4混合後分成兩等分，捏成飯糰。

MEMO

榨菜口感十分豐富，能同時提升滿足感。

鹽炒青菜吻仔魚佐明太子

具有滿足感的**甜辣味**

▶ **材料（分量2顆）**

米飯（加入五穀雜糧）
　… 1碗（約160g）
生鮭（虹鱒也可）… 50g
鹽巴、胡椒 … 各少許
片栗粉、味醂 … 各2小匙
醬油、沙拉油…各1小匙
醃漬野澤菜（菜葉前段）
　… 2片（約10cm）
炒過的白芝麻 … 適量

炒牛蒡

牛蒡 … 80g
胡蘿蔔 … 50g
芝麻油 … 2小匙
A 醬油 … 1大匙
　味醂 … 2大匙
　砂糖 … 1小匙

▶ **作法**

1　製作炒牛蒡。將牛蒡和胡蘿蔔切絲，長度約2～3cm。在預熱好的平底鍋內倒入芝麻油，放進牛蒡和胡蘿蔔以中火拌炒。炒出油亮感後再加上調味料A繼續拌炒。直到湯汁收乾就可以關火，最後撒上芝麻。

2　把鮭魚切成約1cm寬的薄片。依序抹上鹽巴、胡椒、片栗粉。

3　在預熱好的平底鍋內抹上一層沙拉油，放進鮭魚以中火煎至微帶金黃色後，再加入醬油和味醂混合，直到魚肉出現油亮感就OK。用刮刀將魚肉切成約一半的大小。

4　將米飯和步驟1配料1/3的分量、以及步驟3的鮭魚混合後分成兩等分，捏成飯糰，最後包上醃漬的野澤菜葉。

MEMO

醃漬野澤菜可以調整腸胃功能、預防便祕。

石鍋拌飯風免捏飯糰

▶ **材料（分量2顆）**

米飯 ⋯ 1碗（約160g）

豬絞肉 ⋯ 40g

菠菜（冷凍） ⋯ 20g

胡蘿蔔 ⋯ 10g

料酒、片栗粉、芝麻油 ⋯ 各1小匙

韓式辣醬 ⋯ 1小匙（或味噌、醬油、味醂各1/2小匙）

醬油 ⋯ 1/2小匙

鹽巴、胡椒 ⋯ 各少許

烤海苔（21cm × 19cm） ⋯ 1片

▶ **作法**

1 把胡蘿蔔切成約1cm長度的絲狀，放進耐熱
容器中加入2小匙水（可適量調整）。上方
直接放上冷凍狀態的菠菜，用保鮮膜包起來
微波加熱1分鐘。之後除去多餘的水分，將
菠菜切碎再一次把水分瀝乾。

2 在預熱好的平底鍋內倒入芝麻油，將絞肉放
進去以中火拌炒。等肉熟透後撒入料酒和片
栗粉攪拌，接著加入韓式辣醬攪拌均勻再關
火。最後加入步驟1的蔬菜，以醬油、鹽和
胡椒來調味，與米飯混合。

3 盤中先鋪一層保鮮膜，將海苔的內側朝上擺
放，中央放上步驟2完成的拌飯，把海苔朝
內側中央折進去包住飯糰。再用保鮮膜包住
整體，以水沾濕料理刀將飯糰切成兩半。

MEMO 將海苔的四角往中心點
折進去。

日式鮭魚
蔬菜乾咖哩

▶ **材料（分量2顆）**

    米飯（糙米）⋯ 1碗（約160g）

    鮪魚（無油罐頭）⋯ 1/2罐（約35g）

    混合蔬菜（冷凍）⋯ 1/4杯（約25g）

    洋蔥 ⋯ 20g

    水煮鵪鶉蛋（可依個人喜好調整）⋯ 2顆

    沙拉油 ⋯ 1小匙

  A 番茄醬 ⋯ 1大匙

     醬油 ⋯ 1小匙

     咖哩粉 ⋯ 1/2小匙

     葡萄乾 ⋯ 2小匙

▶ **作法**

1 把洋蔥切成末。

2 在預熱好的平底鍋內抹上一層沙拉油，將洋蔥和混合蔬菜、及鮪魚連同罐頭湯汁一起放入以中火拌炒。等油均勻沾附後再加入混和好的調味料A繼續拌炒，直到湯汁收乾為止。

3 將米飯和步驟2的配料混合後分成兩等分。各在飯糰中放入對半切開的鵪鶉蛋，另一半則放在飯糰上方然後捏成型。

令人食指大動的
咖哩風味

炸什錦
天婦羅風飯糰

放入麵酥
就完成炸
什錦天婦羅風囉！

▶ 材料（分量2顆）

米飯 … 1碗（約160g）

麵酥 … 1大匙

櫻花蝦（乾燥） … 1大匙

毛豆（煮熟去殼） … 1大匙

竹輪 … 1根

麵味露（3倍濃縮） … 2小匙

柴魚片 … 少許

烤海苔 … 適量

▶ 作法

1 將竹輪切成薄薄的半月形。

2 把竹輪、麵酥、毛豆、櫻花蝦、麵味露和柴魚片混合均勻。

3 將米飯和步驟2的配料混合後分成兩等分，捏成飯糰。再撒上撕成小塊的海苔。

蠔油蘆筍炒牛肉

滿滿肉類配菜的
免捏飯糰

▶ **材料（分量2顆）**

米飯（糙米）··· 1碗（約160g）
牛碎肉 ··· 50g
洋蔥 ··· 20g
綠蘆筍 ··· 1根
杏鮑菇 ··· 10g
料酒、片栗粉、蠔油、沙拉油 ··· 各1小匙
砂糖、鹽、胡椒 ··· 各少許
烤海苔（21cm × 19cm）··· 1片

▶ **作法**

① 依序分別準備三分材料。將洋蔥、綠蘆筍和杏鮑菇切成約2cm長的薄片。牛肉加入料酒捏入味後，再裹片栗粉。在米飯中混合少許的鹽（可適量調整）。

② 在預熱好的平底鍋內抹上一層沙拉油，將米飯以外的所有步驟1的配料加入鍋中，把牛肉搗碎以中火拌炒。待所有食材熟透之後加入蠔油攪拌均勻，再以砂糖、鹽和胡椒來調味。

③ 在盤子裡鋪上一層保鮮膜，將海苔的粗糙面（內側）朝上擺放，中央攤開一半分量的米飯。把步驟2的配料放上去，用剩餘的一半米飯來覆蓋。接下來將海苔往內折包住飯糰。再用保鮮膜包住整體，以水沾濕料理刀將飯糰切成兩半。

* 包法請參照p.59

炸雞佐梅子拌玉米

與梅子調和過後
可以讓炸物
更為爽口

▶ 材料（分量2顆）

米飯 … 1碗（約160g）

炸雞（冷凍） … 2塊

秋葵 … 2根

玉米粒（罐頭） … 1大匙

梅乾（去核） … 1/2粒

醬油、砂糖 … 各1/2小匙

▶ 作法

1. 把秋葵的蒂頭切掉用保鮮膜包起來，放在耐熱器皿上微波加熱50秒，然後切成小圓柱狀。接著將炸雞解凍，切成四等分。

2. 在調理盆中放入撕碎的梅乾、醬油和砂糖混合均勻，再拌入秋葵和玉米粒。

3. 將米飯和步驟1的炸雞、步驟2的配料混合後分成兩等分，捏成飯糰。

MEMO

如果使用冷凍炸雞，就能縮短製作時間。

香煎燒賣
南瓜四季豆

只要加入蔬菜，
冷凍食品也很健康

▶ **材料（分量2顆）**

米飯（加入五穀雜糧）… 1碗（約160g）

燒賣（冷凍）… 4粒

南瓜（冷凍）… 30g

四季豆（冷凍）… 20g

麵味露（3倍濃縮）… 2小匙

鹽巴 … 少許

沙拉油 … 適量

紅薑 … 適量

▶ **作法**

① 把南瓜和四季豆解凍後，南瓜切丁約1cm、四季豆則切成1
　～2cm的長度。

② 在一個小的平底鍋內抹上一層深度約5mm的沙拉油，以中
　火熱油。然後放入冷凍狀態的燒賣，一邊翻轉一邊煎至兩面
　都呈金黃色。接下來再煎南瓜和四季豆，用廚房紙巾拭去多
　餘的油分。把燒賣對半切開，與南瓜、四季豆一起放入調理
　盆中，拌入麵味露。

③ 將米飯和步驟2的配料混合，撒上少許鹽巴分成兩等分，捏
　成飯糰，最後放上切成短末的紅薑。

午餐肉佐青江菜

正因為是
飽腹感十足的
食譜才要加入
許多蔬菜

▶ 材料（分量2顆）

米飯 … 1碗（約160g）

午餐肉（罐頭） … 1/2罐（約90g）

青江菜 … 40g

鹽巴 … 少許

沙拉油 … 1小匙

昆布佃煮 … 1小匙

烤海苔 … 適量

▶ 作法

1 把午餐肉切成同樣厚度的3等分、青江菜切成約1cm寬，昆布佃煮切成容易食用的大小。

2 在預熱好的平底鍋內抹上一層沙拉油，將午餐肉放進去以中火煎，直到兩面都呈金黃色後取出盛盤。

3 使用同一個平底鍋來炒青江菜，以少許鹽巴調味。

4 將米飯和青江菜、昆布佃煮混合後分成3等分，捏成橢圓的日本古金幣形狀。然後放上午餐肉，用切成細帶狀的海苔包起來。

吻仔魚
水芹拌味噌乳酪

滿滿鐵質的
能量風飯糰

▶ **材料（分量2顆）**

米飯（加入五穀雜糧）… 1碗（約160g）

培根（切片）… 2片（約20g）

吻仔魚 … 1大匙

奶油乳酪 … 1塊（約18g）

味噌 … 1/2小匙

水芹 … 1小把（約10g）

胡椒 … 少許

▶ **作法**

① 把培根切成約1cm寬、奶油乳酪切丁約
1cm，拌入味噌，然後將水芹切碎。

② 在預熱好的平底鍋中放入培根和吻仔魚，
以中火拌炒。待培根內的油脂溢出後，加
上水芹迅速拌炒一下，最後撒上胡椒。

③ 將米飯和步驟2的配料混合後放上步驟1的
味噌乳酪，然後分成3等分，捏成飯糰。

MEMO
水芹的鐵質很豐富，可
以預防貧血。

容易食用！攜帶方便！

飯糰的包裝方式

🔘 用保鮮膜來包飯糰

1. 先準備一張可以覆蓋整個飯糰的保鮮膜，在正中央放上飯糰。

2. 由上而下依序將保鮮膜往內折進去，要邊將空氣擠出，邊緊密貼合在飯糰上。

3. 側面也要讓保鮮膜緊密貼合在飯糰上，多出來的保鮮膜部分則捏成細長條。

4. 將左右側多餘的保鮮膜沿著飯糰往下方纏繞收起包覆。

完成

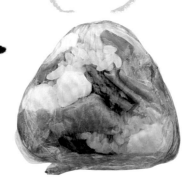

飯糰依包裝方式的不同，外觀和食用方便度也會隨著改變。
由於米飯比較容易沾黏，建議最好使用保鮮膜或蠟紙來包裹。
當成便當時，可以將包好的飯糰再以手帕或布巾包裹，
外出攜帶更美觀。

用蠟紙來包飯糰

1. 在蠟紙正中央放上飯糰，從自己前方開始將蠟紙往內折進去。

2. 為了避免飯糰位移，要輕輕按壓著，再依左右的順序將蠟紙往內折。

3. 按壓住已折入的三邊蠟紙的角，將上方的蠟紙折進來。

完成

4. 將前端塞進去，固定好。如果無法固定可以使用膠帶來固定。

用手帕來包飯糰

1. 選擇一條約50cm正方形的手帕，對折成三角形，在中心點放上飯糰。

2. 為了避免飯糰位移，要稍微按壓著，然後將自己前方的布拉起來蓋住飯糰（夏季可以加放一小包保冷劑）。

3. 再將上方的布蓋下來重疊。

4. 為了避免飯糰位移，要先輕輕按壓著，然後將左右兩側的布拉起來，在上方打一個結。

5. 再一次在上方打結。

完成

🐝 用蜂蠟保鮮布來包飯糰 ❶

1. 將蜂蠟布攤平，將一角對向自己，再將約1/3的布往上折起。

2. 將飯糰放置在蜂蠟布折疊處的上方位置。

3. 將蜂蠟布剩餘折疊處往上折，覆蓋部分飯糰。

4. 將整塊蜂蠟布的上半部往下折疊，包覆整個飯糰，並利用手的溫度讓布更為貼合。

5. 為了避免食物位移，先將右方的布順著飯糰的邊緣壓扁，再將左方的布順著飯糰的邊緣壓扁，並以手溫塑型。

6. 將左右兩側的布先輕輕向上拉起，再向內側交叉，打一個平結。

7. 打結完成後，調整外觀即可。

🐸 用蜂蠟保鮮布來包飯糰 ❷

1. 將蜂蠟布攤平，對折成三角形。

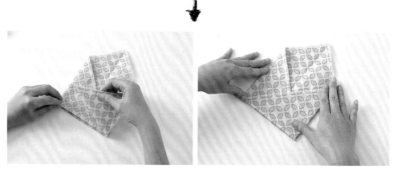

2. 將蜂蠟布的長邊平均分成3等分，將左右兩角折疊覆蓋，並用
   手按壓邊緣。

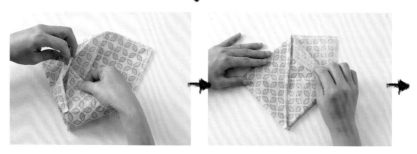

3. 將左側折疊角的兩片布翻　　4. 將上方折疊處蜂蠟布靠近自
   開，放入右側折疊角。　　　　　己的那一片向下折。

5. 將蜂蠟布打開，用手調 整製造空間，即形成一 個小袋子。

6. 將飯糰輕輕放入。

7. 將上方蜂蠟布的尖角向 下折，與下方的三角形 重疊，用手輕輕按壓一 下，利用手溫讓封口處 貼合緊密。

俐落信封 包裝法完成！

用蜂蠟保鮮布來包飯糰 ❸

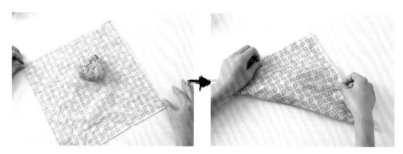

1. 將蜂蠟布攤平，把飯糰放置在整塊布約上方1/3的中心處。

2. 將蜂蠟布由下而上，對折成三角形。

3. 將三角形的兩邊向內折入。

4. 將上方的布向下折，並將尖角塞入底部的縫隙即完成。

看家飯糰

加熱飯糰也有很多變化

　　餡料滿滿的飯糰若當成正餐也很有飽足感,很適合給宅在家的親人當成事先做好的餐點,或者做為小孩去補習班上課的便當。

　　看家飯糰的優點就是「在家裡吃」,所以建議大家不妨加入一些可以加熱後享用的食譜。例如與湯品搭配做成燉飯風、或是做成烤飯糰、米漢堡等,比平時的飯糰更多一點變化的吃法,真令人期待!

　　如果是在家裡吃的飯糰,也可隨意加入泡菜等味道比較特殊的食材,能嘗試的種類就更多變了。

日式煮牛肉
根菜 (p.085)

薑絲雞肝
烤白菜 (p.086)

日式煮牛肉根菜

將食材切成薄片
會更好捏成型

▶ **材料（分量2顆）**

米飯 ⋯ 1碗（約160g）

牛碎肉 ⋯ 50g

洋蔥、牛蒡、胡蘿蔔、金針菇 ⋯ 各20g

沙拉油 ⋯ 1小匙

小蔥 ⋯ 適量

炒過的白芝麻 ⋯ 少許

A 料酒 ⋯ 1大匙

醬油 ⋯ 2小匙

砂糖 ⋯ 1小匙

▶ **作法**

1 將洋蔥切成方便食用的大小、牛蒡先對切再斜切成薄片、胡蘿蔔切成約3cm的絲狀、金針菇將底部切掉後切成1.5cm長。

2 在預熱好的平底鍋內抹上一層沙拉油，放入步驟1的配料以中火拌炒。等油均勻沾附後加入牛碎肉，再混入A部分的調味料。蓋上鍋蓋煮到牛蒡變軟，然後將鍋蓋打開繼續燉煮到湯汁收乾為止。

3 將米飯和步驟2的材料混合分成兩等分，捏成飯糰。撒上白芝麻，頂端擺放切成小圓圈狀的小蔥。

薑絲雞肝烤白菜

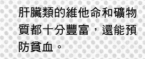

薑燒的料理方式
讓肝臟類更容易
吸收營養

▶ 材料（分量2顆）

米飯（加入五穀雜糧） ⋯ 1碗（約160g）

薑絲雞肝

雞肝 ⋯ 120g

薑 ⋯ 絲狀（約1cm長）

A 醬油 ⋯ 2小匙

　　味醂 ⋯ 2大匙

　　砂糖 ⋯ 2小匙

　　醋 ⋯ 1小匙

　　片栗粉 ⋯ 1小撮

白菜 ⋯ 1/3片（約30g）

舞菇 ⋯ 1/4包（約25g）

沙拉油 ⋯ 1小匙

醬油、鹽巴、胡椒 ⋯ 各少許

▶ 作法

1 製作薑絲雞肝。在鍋內放入水（可適量調整）煮開，放入雞肝以中火水煮10分鐘讓雞肝熟透。然後用冷水沖洗一下，切成1.5cm大小。接著再放入鍋中，加入切成1cm長的薑絲，然後混入A部分的調味料，持續燉煮直到湯汁收乾為止。

2 把白菜切成方便食用的大小，較硬部分要細切。另外將舞菇用手撕開。

3 在預熱好的平底鍋內抹上一層沙拉油，加入步驟2的材料並以中火拌炒，用醬油、鹽、胡椒來調味。

4 將米飯和步驟1材料的1/4分量、以及步驟3的餡料約略混合後分成兩等分，捏成飯糰。

MEMO

肝臟類的維他命和礦物質都十分豐富，還能預防貧血。

墨西哥辣肉醬
米漢堡 (p.088)

泡菜炒豬肉
米漢堡 (p.089)

墨西哥辣肉醬米漢堡

高蛋白質含量
還兼具美容效果！

▶ 材料（分量2顆）

米漢堡	墨西哥辣肉醬
米飯 … 1碗（約160g）	混合豆類（冷凍或水煮罐頭） … 40g
鹽巴 … 少許	豬絞肉 … 45g
片栗粉 … 1/2小匙	洋蔥 … 40g
沙拉油 … 2小匙	片栗粉 … 1小匙
	沙拉油 … 1小匙
	A 番茄醬、伍斯特辣醬、水 … 各1大匙
	胡椒 … 少許（可依個人喜好增減）

▶ 作法

1. 製作米漢堡。在米飯中混入鹽巴和片栗粉，將一半的分量各用保鮮膜包起來，按壓成平坦的圓形。接著在預熱好的平底鍋中抹上一層沙拉油，將完成的米漢堡放進去以中火煎至兩面微焦呈金黃色。

2. 製作墨西哥辣肉醬。在預熱好的平底鍋中抹上一層沙拉油，將絞肉和切成末的洋蔥放進去以中火拌炒。等豬肉顏色改變之後加入混合豆類，再灑滿片栗粉攪拌均勻。接著混入A部分的調味料，繼續拌炒直到呈黏稠狀。

3. 用步驟1製作的米漢堡夾住步驟2醬料1/2的分量，再用蠟紙等食物包裝紙包起來享用。

MEMO
製作時米飯要確實按壓密合，才不容易鬆散變形。

泡菜炒豬肉
米漢堡

滿滿都是維持活力的食材

▶ 材料（分量2顆）

米漢堡

米飯（加入五穀雜糧）… 1碗（約160g）
鹽巴 … 少許
片栗粉 … 1/2小匙
沙拉油 … 2小匙

泡菜豬肉餡料

豬腿肉（薄片）… 50g
料酒、片栗粉 … 各1小匙
醬油、鹽、胡椒 … 各少許
韭菜 … 15g
泡菜 … 2小匙
沙拉油 … 1小匙

▶ 作法

① 製作米漢堡。在米飯中混入鹽巴和片栗粉，將一半的分量各用保鮮膜包起來，按壓成平坦的圓形。接著在預熱好的平底鍋中抹上一層沙拉油，將完成的米漢堡放進去以中火煎至兩面微焦呈金黃色。

② 把韭菜切成約2cm長，豬肉切成約2～3cm長，依料酒、鹽、胡椒、片栗粉的順序塗抹。

③ 在預熱好的平底鍋中抹上一層沙拉油，將豬肉放進去以中火拌炒。等豬肉顏色改變之後再加入泡菜、韭菜迅速炒一下，用醬油來調味。

④ 用步驟1製作的米漢堡夾住步驟3炒好的豬肉，再用蠟紙等食物包裝紙包起來享用。

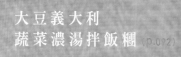

大豆義大利
蔬菜濃湯拌飯糰 (p.092)

蛤蜊濃湯
拌青菜飯糰 (p.093)

大豆義大利
蔬菜濃湯拌飯糰

含有養顏美容的
維他命與豐富的
茄紅素成分

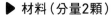

▶ **材料（分量2顆）**

米飯（加入糯小麥）… 1/2碗（約80g）

乳酪絲 … 1大匙

荷蘭芹（切末）… 適量

義大利蔬菜濃湯

洋蔥、胡蘿蔔、高麗菜 … 各20g

大豆（水煮）… 20g

大蒜（切末）… 少許

橄欖油 … 2小匙

鹽、胡椒 … 各少許

A 切塊番茄（罐頭）、水 … 各1/4杯

　法式高湯粉 … 1小匙

▶ **作法**

1 製作義大利蔬菜濃湯。將洋蔥、胡蘿蔔、高麗菜切丁（約1cm）。在鍋內放入橄欖油和大蒜以中火爆香，再放入洋蔥和胡蘿蔔拌炒。待炒出油亮感後加入高麗菜、大豆和A部分的調味料燉煮。最後以鹽和胡椒來調味。

2 將米飯混入乳酪絲和荷蘭芹，捏成飯糰。用烤箱烤至飯糰表面微焦即可。

3 將步驟1的濃湯裝入碗中，再放上步驟2的飯糰就完成了。

蛤蜊濃湯
拌青菜飯糰

可以將飯糰弄碎
當成燉飯來享用

▶ **材料（分量2顆）**

米飯 … 1/2碗（約80g）
菠菜（冷凍）… 20g
起司粉 … 適量

蛤蜊濃湯

培根（切片）… 10g
水煮蛤蜊（罐頭）… 2大匙
水煮蛤蜊（罐頭）的湯汁 … 2大匙
混合蔬菜（冷凍）… 30g
洋蔥 … 20g
水 … 50ml
牛奶 … 100ml
麵粉 … 2小匙
橄欖油（或奶油）… 2小匙
鹽 … 1/4小匙
胡椒 … 少許

▶ **作法**

① 把菠菜解凍，瀝乾水分後切碎。

② 製作蛤蜊濃湯。將培根切成約1cm寬、洋蔥切丁約1cm。在預熱好的鍋內倒入橄欖油，放入培根和洋蔥以中火拌炒。待培根熟透後加入混合蔬菜、蛤蜊、罐頭湯汁和水繼續燉煮讓食材熟透。接著加入混合了牛奶的麵粉攪拌均勻，煮到呈黏稠狀為止，最後以鹽和胡椒來調味。

③ 將米飯與菠菜、起司粉混合後捏成飯糰。

④ 在碗中盛入步驟2的濃湯，最後放上步驟3的飯糰。

照燒雞肉
炒蕪菁飯糰

在味道上做一些
調整就能讓
剩菜華麗變身

▶ **材料（分量2顆）**

米飯 ⋯ 1碗（約160g）

紅紫蘇香鬆 ⋯ 少許

照燒雞肉

雞腿肉（炸雞用） ⋯ 180g

A 醬油 ⋯ 1大匙

　　味醂 ⋯ 2大匙

　　胡椒 ⋯ 少許

　　片栗粉 ⋯ 1/2小匙

　　沙拉油 ⋯ 2小匙

炒蕪菁

蕪菁 ⋯ 1顆（約90g）

蕪菁葉 ⋯ 1顆的分量（約20～30g）

芝麻油 ⋯ 1小匙

B 醬油 ⋯ 1/2小匙

　　味醂 ⋯ 1小匙

　　鹽 ⋯ 少許

▶ **作法**

① 製作照燒雞肉。把雞肉放入保鮮袋內，並混合A部分的調味料，然後放入冰箱冷藏約20分鐘～2小時。接下來在預熱好的平底鍋內抹上一層沙拉油，將去掉水分後的雞肉排列放入，以中火煎至兩面都呈金黃色。再加入剩餘A部分的調味料攪拌，滾煮至雞肉出現油亮感。

② 製作炒蕪菁。將蕪菁細切成約3cm長，把蕪菁葉切碎。在預熱好的平底鍋中倒入芝麻油、蕪菁和蕪菁葉，以中火炒到變軟，再混入B部分的調味料。

③ 將加入了紅紫蘇香鬆的米飯，與切成容易食用大小雞肉的1/3分量、以及炒蕪菁的1/3分量混合均勻後分成兩等分，捏成飯糰。

MEMO
只要利用剩菜就能輕鬆完成。

蔬菜漢堡排

漢堡排使用
冷凍製品
也可以完成

▶ **材料（分量2顆）**

米飯 … 1碗（約160g）
海帶芽香鬆（Soft Type） … 2小匙
綠蘆筍 … 2根
鹽 … 少許

漢堡排

牛豬混合絞肉 … 200g
沙拉油 … 2小匙
A 洋蔥（磨碎） … 2大匙
　胡蘿蔔（磨碎） … 2大匙
　雞蛋 … 1顆
　麵包粉 … 3大匙
　鹽巴 … 1/4小匙
　胡椒 … 少許

B 番茄醬 … 2大匙
　伍斯特辣醬、水 … 各1大匙
　砂糖 … 1小匙
　片栗粉 … 1/2小匙

▶ **作法**

① 製作漢堡排。將絞肉和A部分的調味料充分混合，分成8等分捏成橢圓形。在預熱好的平底鍋內抹上一層沙拉油，把肉團放進去以中火煎熟。等一面煎至微焦後就翻面，蓋上鍋蓋悶煎另一面。待肉排熟透之後，加入調味料B煮到成黏稠狀為止。

② 把蘆筍斜向薄切，放入耐熱容器中加一小匙水（可適量調整），用保鮮膜包起來微波加熱50秒。之後除去水分，撒上少許鹽（可適量調整）。

③ 將加了海帶芽香鬆的米飯，與蘆筍混合後分成兩等分，各在正中央放上一個步驟1完成的漢堡排。

蛋包飯飯糰

討厭蔬菜的人
也能吃的
津津有味

▶ **材料（分量2顆）**

米飯 ⋯ 1碗（約160g）

雞蛋 ⋯ 1顆

牛奶 ⋯ 1小匙

鹽 ⋯ 適量

維也納香腸 ⋯ 3根

混合蔬菜（加入洋蔥） ⋯ 40g

番茄醬 ⋯ 1大匙

胡椒 ⋯ 少許

沙拉油（或奶油） ⋯ 適量

荷蘭芹（切末） ⋯ 適量

▶ **作法**

1 把維也納香腸切成圓片。

2 在預熱好的平底鍋內抹上一層沙拉油，把混合了牛奶和少許鹽的蛋液一口氣倒入，以橡膠刮刀大弧度攪拌煎成一個橢圓形的蛋餅，然後切成兩等分先裝盤備用。

3 使用同樣的平底鍋再加入少許沙拉油，將維也納香腸和混合蔬菜放進去以中火拌炒。待食材熟透之後加上番茄醬稍微拌炒一下，再倒入米飯混合，以少許鹽和胡椒來調味。

4 將步驟3的材料分成兩等分捏成飯糰，然後放上步驟2的一半分量，擠上番茄醬（可適量調整），最後撒上荷蘭芹末。

焗烤起司
花椰菜飯糰

可以同時品嚐到
融化的起司
是時尚
的單品料理

▶ **材料（分量2顆）**

米飯 … 1碗（約160g）

烤火腿（切片） … 2片

花椰菜 … 30g

混合豆類（冷凍、或水煮罐頭） … 30g

醬油、鹽、胡椒 … 各少許

橄欖油 … 適量

乳酪絲 … 1/3杯

小番茄 … 2粒

乾燥奧勒岡葉 … 適量

▶ **作法**

① 把花椰菜切成1.5cm大小，較硬的部分切成薄片。然後放進耐熱容器中加入2小匙水（可適量調整），用保鮮膜包起來微波加熱1分鐘。以網篩撈起後放涼，拭去水氣。火腿也切成1.5cm大小。

② 將米飯和混合豆類、花椰菜、火腿、醬油、鹽、胡椒一起攪拌後分成兩等分，捏成飯糰。

③ 選擇一個可烘烤的平底鍋（可放入烤箱的偏小尺寸），先預熱後抹上一層橄欖油，將步驟2的材料放入烤箱以中火烘烤。等出現微焦狀態後翻面，在上面放上乳酪絲，然後將對半切開的小番茄擺在周圍。一直烤到起司融化呈微焦，最後撒上奧勒岡葉。

南瓜肉末
咖哩烤飯糰

南瓜的甘甜
讓小孩也愛吃

▶ **材料（分量2顆）**

米飯（加入五穀雜糧） ⋯ 1碗（約160g）

水煮鯖魚（罐頭） ⋯ 40g

水煮鯖魚（罐頭）的湯汁 ⋯ 1大匙

洋蔥 ⋯ 20g

南瓜 ⋯ 30g

沙拉油 ⋯ 1小匙

大蒜（切末） ⋯ 1/4小匙

麵粉 ⋯ 1小匙

沙拉油 ⋯ 2小匙

A 咖哩粉 ⋯ 1/2小匙

　番茄醬 ⋯ 2小匙

　醬油 ⋯ 1小匙

　鹽、胡椒 ⋯ 少許

▶ **作法**

1 把洋蔥切末，南瓜切丁約1cm大小。

2 在平底鍋內放入沙拉油和大蒜以中火爆香，再加入洋蔥、南瓜拌炒。待蔬菜炒出油亮感後，放入鯖魚和罐頭的湯汁，將魚肉弄碎繼續拌炒，然後撒上麵粉攪拌均勻。接著加入A部分的調味料，持續燉煮到出現油亮感。

3 將米飯分成兩等分捏成飯糰，各放上步驟2配料的一半分量，並排在錫箔紙上，用烤箱烤到飯糰表面微焦即可。

吻仔魚味噌烤飯糰

烤得微焦的
飯糰香味四溢
好誘人

▶ 材料（分量2顆）

米飯（加入糯小麥） ⋯ 1碗（約160g）

吻仔魚乾 ⋯ 2大匙

小松菜（或蕪菁葉） ⋯ 20g

沙拉油、鹽 ⋯ 各少許

味噌醬

核桃 ⋯ 2小塊

味噌、味醂 ⋯ 各2小匙

胡蘿蔔（磨碎） ⋯ 1小匙

▶ 作法

① 把小松菜切成末。

② 在預熱好的平底鍋內抹上一層沙拉油，放入小松菜和吻仔魚乾以中火拌炒，用鹽來調味。

③ 製作味噌醬。把核桃切碎，和其餘的材料一起混合均勻。

④ 將米飯和步驟2的材料混合後分成兩等分，捏成飯糰。然後各塗抹適量味噌醬，用烤箱烤至表面微焦即可。

3

COLUMN

搭配飯糰營養價值更高！

不同種類的味噌湯

基本款味噌湯

利用常見食材
製作的簡單湯品

▶ **材料和作法（2人份）**

① 把油豆腐皮1/2片和白菜80g，切成容易食用的大小，鴻禧菇40g，將底部切掉後拆散。海帶芽（乾燥，切段）1大匙，用水泡開後拭去水氣。

② 在鍋內放入高湯400ml，和鴻禧菇以中火煮。等湯滾後加入油豆腐皮、白菜和海帶芽煮到熟透。之後關火溶入適量味噌（約1大匙半）。

即便沒有時間製作小菜，若選擇味噌湯，放入各種不同的配料，
就能輕鬆補充營養。
只要一碗結合蔬菜與蛋白質，就變成餡料滿滿的味噌湯，
營養均衡超簡單！

芝麻味噌湯

加入芝麻
營養價值更高！

▶ **材料和作法（2人份）**

1 將雞腿肉100g切成約2cm，馬鈴薯一小顆任意切塊，胡蘿蔔1/4根細切成
4cm長，洋蔥1/2顆切口朝下，呈放射狀切成4～5等分，小蔥1根切成小
圓圈狀。

2 在預熱好的鍋內抹上一層芝麻油，放入雞肉以中火拌炒。等肉呈現金黃
色後加入馬鈴薯、胡蘿蔔和洋蔥稍微炒一下，接著倒入高湯400ml，煮
到食材熟透，之後關火溶入適量味噌（約1大匙半）。

3 盛入碗中，撒上適量炒過的白芝麻，最後放上小蔥。

如果使用罐頭湯汁
就不需要高湯囉！

也可以使用冷凍
混合根菜喔！

蛤蜊罐頭還有剩餘時
就可以派上用場

即食味噌湯

▶ **材料和作法（2人份）**

① 將高麗菜80g撕成容易食用的大小，舞菇40g用手撕開，小蔥1根切成小圓圈狀。

② 在鍋中倒入水350ml以中火燉煮，等水滾後放入高麗菜、舞菇、分成一口大小的水煮鯖魚（罐頭）70g、水煮鯖魚（罐頭）的湯汁2大匙、以及適量薑汁一起燉煮，直到食材熟透。之後關火溶入適量味噌（約1大匙半）。

③ 盛入碗中，放上小蔥，再依個人喜好撒上少許辣椒粉。

豬肉味噌湯

▶ **材料和作法（2人份）**

① 將豬腿肉薄片80g切成約2cm大小，白蘿蔔40g和胡蘿蔔40g，以銀杏切法切片，芋頭（水煮）60g切成一口大小、牛蒡20g切成斜片、長蔥20g切成小圓圈狀。

② 在預熱好的鍋內抹上適量芝麻油，放入豬肉、白蘿蔔、胡蘿蔔、牛蒡和料酒1大匙以中火拌炒。等豬肉熟透再加入芋頭和高湯400ml，煮到食材都熟透。之後關火溶入適量味噌（約1大匙半左右）。

③ 盛入碗中，放上長蔥。

西洋風味噌湯

▶ **材料和作法（2人份）**

① 將洋蔥1/2顆切成薄片，四季豆30g切成約2cm長，南瓜60g切成約1cm厚的一口大小。

② 在鍋中放入水350ml以中火煮開，然後加入步驟1的蔬菜和水煮蛤蜊（罐頭）的湯汁3大匙煮熟。接著加入水煮蛤蜊（罐頭）3大匙、小番茄4粒稍微煮一下，之後關火溶入適量味噌（約1大匙半）。

③ 盛入碗中，依個人喜好加入適量橄欖油。

宵夜飯糰

選擇容易咀嚼、好消化的爽口食材

　　滿足小酌一杯後飢腸轆轆的胃、或是為了學業和工作努力到深夜的家人們所製作的飯糰，最好選擇不會對腸胃造成負擔的食材。避免脂肪多的魚或肉，多增加一些蔬菜和豆類，可以使用市售的高湯塊做成茶泡飯風的飯糰會更好入口，隔天也不會覺得消化不良胃脹氣。

　　配料建議不妨加入漬菜等比較有嚼勁的食材。透過咀嚼能幫助腸胃消化，同時也容易產生飽足感。此外，咀嚼食物可以活化腦部，對於學業和工作說不定也有一些助益喔！

泰式碎肉飯糰

五彩繽紛的食材
打造出
可愛的飯糰

▶ **材料（分量2顆）**

米飯 ··· 1碗（約160g）

腰果 ··· 適量

泰式碎肉

雞絞肉 ··· 80g

洋蔥、四季豆、甜椒（紅） ··· 各40g

木耳（乾燥） ··· 2片

大蒜（切末） ··· 1/2小匙

櫻花蝦（乾燥） ··· 2大匙

沙拉油 ··· 2小匙

A 泰式檸檬魚醬 ··· 2小匙

檸檬汁、砂糖 ··· 各1小匙

紅辣椒（切成小圓圈狀）、胡椒 ··· 各少許

▶ **作法**

1 製作泰式碎肉。在平底鍋內放入沙拉油和大蒜，以
中火爆香，接著放入絞肉和切成粗末的洋蔥、四季
豆、甜椒，以及用水泡開的木耳，一邊將絞肉弄碎
一邊拌炒。等雞肉變色後再加入櫻花蝦和A部分的
調味料混合均勻。

2 將米飯和步驟1的1/2分量混合，加上切碎的腰果後
分成兩等分，捏成飯糰。

竹莢魚乾拌
雙菜飯糰

讓很容易流失
的鈣質和鐵質
全部一次攝取

▶ **材料（分量2顆）**

米飯（加入糯小麥）… 1碗（約160g）

竹莢魚乾 … 1/2條（約30g）

高麗菜 … 40g

羊栖菜香鬆 … 1大匙

鹽 … 少許

京都風柴漬醬菜 … 適量

▶ **作法**

1. 把竹莢魚乾烤過之後去掉皮和骨頭，分成
   容易食用的大小。高麗菜撕成小片，放入
   耐熱容器中包上保鮮膜微波加熱50秒。然
   後混入少許鹽放涼，並擠乾水分。

2. 將加入了羊栖菜香鬆的米飯、步驟1的配
   料，與京都風紫漬醬菜混合後分成兩等
   分，捏成飯糰。

MEMO 如果平時備用羊栖菜香
鬆，使用起來就很方便。

吻仔魚
炒蓮藕飯糰 (p.116)

花椰菜
香煎鯷魚飯糰 (p.117)

吻仔魚
炒蓮藕飯糰

滿滿的
膳食纖維！

▶ **材料（分量2顆）**

米飯 … 1碗（約160g）
鹽 … 少許

炒蓮藕

大豆（水煮） … 60g
吻仔魚 … 2大匙
蓮藕 … 80g
胡蘿蔔 … 40g
切碎的昆布 … 1大匙
醬油、芝麻油 … 各2小匙
味醂 … 1大匙

▶ **作法**

1. 製作炒蓮藕。把蓮藕切成約2cm大小的薄片，胡蘿蔔切成約1cm大小的薄片，昆布則用食物剪刀剪短。在預熱好的平底鍋內抹上一層芝麻油，放入大豆、吻仔魚、蓮藕、胡蘿蔔和昆布，以中火拌炒，再加入醬油、芝麻油和味醂，煮到湯汁收乾為止。

2. 將米飯和步驟1的1/3分量混合後撒上少許鹽，分成兩等分捏成飯糰。

花椰菜
香煎鯷魚飯糰

徹底活用
儲備食材！

▶ 材料（分量2顆）

米飯 ⋯ 1碗（約160g）
鮪魚（無油罐頭） ⋯ 1/2罐（約35g）
混合豆類（冷凍、或水煮罐頭） ⋯ 20g
花椰菜 ⋯ 30g
番茄乾 ⋯ 1小片
鯷魚（塊狀） ⋯ 2片
橄欖油 ⋯ 2小匙
大蒜（切末） ⋯ 少許
鹽、胡椒 ⋯ 各少許

▶ 作法

1 把花椰菜切成約1.5cm大小，較硬的部分
切成薄片。在耐熱容器中放入2小匙水（可
適量調整），用保鮮膜包起來微波加熱1分
鐘後，以網篩撈起放涼。將番茄乾用食物
剪刀剪成約5mm左右的大小。

2 在平底鍋內放入橄欖油、大蒜和鯷魚，以
中火爆香後再加入步驟1的材料和混合豆
類、以及含罐頭湯汁的鮪魚，一邊將鯷魚
弄碎一邊拌炒，直到湯汁收乾為止。最後
以鹽和胡椒來調味。

3 將米飯和步驟2的配料混合後分成兩等分，
捏成飯糰。

MEMO

豆子可以使用冷凍或水
煮罐頭，如果是小包裝
就能少量多次使用，十
分方便。

深川蛤蜊飯風飯糰

▶ 材料（分量2顆）

米飯 … 1碗（約160g）

水煮蛤蜊（罐頭）… 2大匙

水煮蛤蜊（罐頭）的湯汁 … 2大匙

油豆腐皮 … 1/2片

蘿蔔乾絲 … 5g

胡蘿蔔 … 20g

柴魚片 … 少許

小蔥 … 適量

烤海苔（21cm × 19cm）… 1/2片

A 味噌、醬油 … 各1小匙

味醂 … 2小匙

薑汁 … 少許

水 … 50ml

蛤蜊可以預防貧血，還有消除疲勞的功效

▶ 作法

1 把蘿蔔乾絲先泡水，然後切成約1cm長，擠乾水分。胡蘿蔔切絲約1cm長、油豆腐皮切丁約1cm長、小蔥切成小圓圈狀、海苔縱向對半切開。

2 在鍋中放入蘿蔔乾絲、胡蘿蔔、油豆腐皮、蛤蜊、罐頭湯汁、A部分的調味料和柴魚片，一邊攪拌一邊用中火燉煮。直到湯汁變少再加入小蔥攪拌均勻。

3 將米飯與步驟2的材料混合後，分成兩等分捏成飯糰，再分別包上海苔。

鹽麴蒸雞佐胡蘿蔔飯糰

> 鹽麴可以
> 讓雞胸肉
> 變得更軟嫩

▶ 材料（分量2顆）

米飯（加入五穀雜糧） … 1碗（約160g）

胡蘿蔔 … 20g

木耳（乾燥） … 1片

高菜漬（切碎） … 2小匙

紫色高麗菜（可依個人喜好更換） … 適量

雞胸肉（去皮） … 1片（約240g）

鹽麴 … 1大匙

胡椒 … 少許

▶ 作法

1 把雞肉縱向切成兩半，用叉子在整塊雞肉上戳一戳，方便醃製入味。接著抹上鹽麴和胡椒放入耐熱容器中，在冰箱冷藏30分鐘左右。取出後加入2大匙水（可適量調整），用保鮮膜包起來微波加熱3分鐘。然後將雞肉上下翻面，再次用保鮮膜包起來加熱2分鐘直到雞肉變色後，從微波爐中拿出來，持續包著保鮮膜放涼即可。

2 將已經用水泡開的木耳，和胡蘿蔔都切成約1cm長的絲狀。然後一起放入耐熱容器中加2小匙水（可適量調整），包上保鮮膜微波加熱1分鐘。拭去蔬菜的水分後放涼。

3 把米飯與步驟2的材料，和高菜漬混合後分成兩等分，捏成飯糰。每粒飯糰放上3片切成薄片的雞胸肉、再點綴上高菜漬（可適量調整）。可依個人喜好用紫色高麗菜將飯糰包起來享用。

MEMO 鹽麴的鹹度較為溫和，能打造出清淡爽口的滋味。

明太子竹輪烤飯糰 (p.124)

鰹魚煮四季豆飯糰 (p.125)

明太子
竹輪烤飯糰

水芹含有豐富的
β - 胡蘿蔔素成分

▶ **材料（分量2顆）**

米飯 … 1碗（約160g）
明太子 … 1/2小條
竹輪 … 1根
水芹 … 1小束（約10g）
鹽 … 少許
A 醬油、芝麻油 … 各1小匙
　味醂 … 1/2小匙

▶ **作法**

① 把竹輪切成薄薄的半月形、水芹切成粗末，明太子切成
　1cm厚的圓片。

② 將米飯和竹輪、水芹、鹽混合，再撒上明太子後分成兩等
　分，捏成飯糰。

③ 在步驟2材料的表面，塗上混合好A部分調味料的1/4量，
　然後放在鋁箔紙上，用烤箱烤到飯糰微微上色時，先取出
　飯糰塗上剩餘A部分的調味料，再放進烤箱烤成焦黃色。

鰹魚
煮四季豆飯糰

▶ **材料（分量2顆）**

米飯（加入五穀雜糧）… 1碗（約160g）

鰹魚（生魚片或炙燒均可）… 60g

薑（切絲）… 1/2小匙

四季豆 … 30g

醃蘿蔔（切片）… 2片

鹽 … 少許

A 醬油 … 1小匙

味醂 … 2小匙

水 … 50ml

鰹魚的
鐵質含量高
利用生魚片
就能輕鬆攝取

▶ **作法**

1 把鰹魚切成約1.5～2cm大小。四季豆切成約1cm長，放入耐熱容器中加2小匙水（可適量調整），用保鮮膜包起來微波加熱1分鐘，然後拭去水分。醃蘿蔔則切成粗末。

2 在鍋中放入鰹魚、薑和A部分的調味料，以中火煮到湯汁收乾為止。

3 將米飯與四季豆、醃蘿蔔、步驟2的材料和鹽混合後分成兩等分，捏成飯糰。

鮭魚蔬菜茶泡飯

吃起來完全沒負擔，
很適合作為酒後宵夜。
柔和的湯頭
讓人通體舒暢！

▶ **材料（分量2顆）**

米飯 ⋯ 1/2碗（約80g）
鮭魚（薄片） ⋯ 1大匙
野沢菜漬（切碎） ⋯ 1/2大匙
白蘿蔔 ⋯ 20g
胡蘿蔔、金針菇 ⋯ 各10g
小蔥 ⋯ 適量
高湯 ⋯ 150ml
醬油、鹽 ⋯ 各少許

▶ **作法**

1 把白蘿蔔、胡蘿蔔切絲，金針菇去掉底部後切成約2～3cm長。

2 在鍋內放入高湯和步驟1的蔬菜和菇類，以中火加熱，等食材熟透後加入醬油、鹽來調味。

3 把米飯與鮭魚薄片、野沢菜漬混合後捏成飯糰。

4 將步驟3的材料盛入碗中，淋上步驟2的配料，最後撒上切成圓圈狀的小蔥。

蛋花湯雜炊風飯糰

使用高湯塊
輕鬆又省事

▶ **材料（分量2顆）**

米飯 ⋯ 1/2碗（約80g）

鱈魚子 ⋯ 1/4條

鹽 ⋯ 少許

菠菜（冷凍） ⋯ 30g

蛋花湯塊（冷凍乾燥） ⋯ 1塊

水（依湯塊商品標示調整） ⋯ 適量（此處為150ml）

▶ **作法**

① 在耐熱容器中放入水和菠菜，不需要包上保鮮膜直接微波加熱2
分鐘。然後加入蛋花湯塊攪拌均勻。

② 把米飯混入少許鹽捏成飯糰，中間挖一個小凹洞放上鱈魚子。

③ 將步驟1的湯品盛入碗中，再放入步驟2的飯糰。

髮菜湯雜炊風飯糰

食材超健康
也很有飽足感！

▶ **材料（分量2顆）**

米飯（加入五穀雜糧） … 1/2碗（約80g）

梅乾（去核） … 1/2粒

鹽 … 少許

嫩豆腐 … 40g

秋葵 … 2根

髮菜湯塊（冷凍乾燥） … 1塊

水（依湯塊商品標示調整） … 適量（此處為150ml）

▶ **作法**

1. 將秋葵斜切成四等分，豆腐切丁約2cm大小。

2. 在耐熱容器中放入水和步驟1的配料，不需要包上保鮮膜直接微波加熱2分鐘。然後加入髮菜湯塊攪拌均勻。

3. 把米飯混入少許鹽再捏成飯糰，中間挖一個小凹洞放上梅乾。

4. 將步驟2的湯品盛入碗中，再放入步驟3的飯糰。

讓外觀看起來截然不同！
海苔的包捲方式靈活運用

海苔的包捲方式是可以自由變換的。
不僅僅是包起來而已，依包覆方式的變換，能夠打造出各種不同風格的飯糰。

混入米飯中

將海苔當成飯糰餡料的一部分來使用的方法。把撕碎的海苔混入米飯中，不僅可以增加風味，也會讓飯糰看起來更有變化。

整個包起來

用海苔將整個飯糰都包起來的造型。由於看不見裡面，所以餡料要吃到才知道是什麼，也是一種樂趣！飯粒不會黏手是優點之一。

撕成碎片黏上去

將海苔撕成碎片沾黏在飯糰表面的使用方式。因為很容易咬斷，吃的時候飯糰也不容易鬆散，即使是小孩也很方便享用！

從下方包捲

將海苔切成一小塊,讓米飯露出來,從下方包捲,是最基本的造型。這樣一來米飯就不會沾黏在手上,上方沒有海苔也很容易入口。

交叉包捲

將海苔切成細長條,如同穿著和服般在面前交叉的包捲方式。適用於炸蝦等會露出餡料的飯糰,或者是中央容易鬆散的飯糰。

讓海苔維持美味的祕訣

為了維持海苔酥脆的口感,請掌握以下兩個重點。

放入保鮮袋中維持鮮度

有光澤的一面是外側,質地粗糙的是內側

海苔是對於濕氣毫無抵抗力的食材。一旦開封就必須放入有夾鏈的保鮮袋內保存,以隔絕濕氣入侵。

請把米飯放在粗糙的海苔內側裡包起來。

派對飯糰

滿滿餡料的飯糰，讓派對餐桌華麗變身

放入滿滿配菜的飯糰，不僅外表看起來華麗，也很適合作為派對上的小點！蔬菜除了在營養成分上加分之外，顏色、口感、香氣等也都能成為重點。

在派對上通常會品嚐到許多不同的料理，所以飯糰要捏的稍微小一點。可以把飯糰用一層透明玻璃紙包起來、或者在下方鋪上蠟紙或竹葉，講究盛盤的話可以放入日式重箱裡，打造出時髦的餐桌。

飯糰可以作為主要的餐點，也可當成餐間小點或前菜，作為最後收尾也很適合，建議與其他料理取得平衡後再來決定上菜的時間。如果不是立即要享用的話，最好選擇餡料水分較少，和加熱過的飯糰。

散壽司飯糰

▶ **材料（分量6顆）**

米飯 … 1杯（約330g）
散壽司調味包 … 1杯
荷蘭豆 … 2片
鮭魚卵 … 適量
烤海苔（切碎）… 適量

蛋絲

雞蛋 … 1顆
味醂 … 1/2大匙
鹽、片栗粉 … 各少許
沙拉油 … 1小匙

杯子造型的飯糰
看起來更可愛

▶ **作法**

① 製作蛋絲。在預熱好的平底鍋內抹上一層沙拉油，把混合了味醂、鹽和片栗粉的蛋液一口氣倒入鍋中延展開來，以小火煎。等表面定型之後，以一根長筷插入蛋皮和平底鍋之間，將蛋皮翻面煎到熟透，起鍋後放涼切絲。

② 把荷蘭豆去掉蒂和筋，用滾水稍微煮一下，然後斜向細切。

③ 在米飯中混合散壽司調味包放涼，分成6等分。將模具以水沾濕放入米飯定型，再倒出盛盤。

④ 將海苔、蛋絲、荷蘭豆、鮭魚卵依序放在飯糰上。

MEMO

建議選擇塑膠製的模具，比較容易取出。

混合壽司

▶ **材料（分量6顆）**

米飯 … 1杯（約330g）

煙燻鮭魚（切片）… 60g

小黃瓜 … 1根

鹽 … 一小撮

醃蘿蔔（切片）… 6片

壽司醋 … 2大匙

炒過的白芝麻 … 適量

綠紫蘇葉 … 適量

> 強調酸味
> 的爽口飯糰

▶ **作法**

1. 將小黃瓜切成薄薄的圓片，灑上少許鹽搓揉一下後，擠乾水分。煙燻鮭魚切成約2cm大小，醃蘿蔔切丁約5mm大小。

2. 把米飯混入壽司醋後放涼。接著加入步驟1的材料和白芝麻混合均勻，分成6等分捏成飯糰，最後在下方鋪上綠紫色葉。

MEMO 除了煙燻鮭魚，也可以使用烤過弄碎的鹽漬鮭魚或市售的鮭魚片。

137

肉捲飯糰

圓滾滾的
造型十分討喜

派對飯糰

▶ **材料（分量10顆）**

米飯 ⋯ 1杯（約330g）

混合蔬菜（冷凍） ⋯ 1/2杯（約50g）

水芹 ⋯ 1小束（約10g）

鹽 ⋯ 少許

豬里肌肉薄片（涮涮鍋用） ⋯ 10片（約160g）

片栗粉 ⋯ 適量

麵味露（3倍濃縮） ⋯ 3大匙

沙拉油 ⋯ 1大匙

炒過的白芝麻 ⋯ 適量

▶ **作法**

① 將混合蔬菜放入耐熱容器中微波加熱1分鐘。水芹切丁約5mm大小。

② 把米飯和步驟1的材料、鹽混合均勻，分成10等分捏成飯糰。再用豬肉片捲起來，抹上薄薄一層片栗粉。

③ 在預熱好的平底鍋內倒入沙拉油，將步驟2的飯糰並排在鍋中，一邊翻轉一邊用中火煎。等到豬肉變色微焦後，再加上麵味露煮到豬肉油亮即可。

④ 將飯糰放入器皿中，撒上白芝麻。最後用水芹（可適量調整）來裝飾。

MEMO

豬肉片要如同把飯隱藏起來般包裹上去。

139

蛤蜊羅勒醬飯糰

強調番茄酸味
的義大利風飯糰

▶ 材料（分量8顆）

米飯 ⋯ 1杯（約330g）

水煮蛤蜊（罐頭） ⋯ 3大匙

　　※依商品不同鹽分也會有異，建議先試一下味道再做調整

黑橄欖（切圓片） ⋯ 25g

番茄乾 ⋯ 2片

羅勒醬 ⋯ 適量

▶ 作法

1 把番茄乾用食物剪刀剪成約5～7mm的大小。

2 將米飯與羅勒醬混合調味。再加上去汁的蛤蜊、黑橄欖和步驟1的番茄乾拌勻，然後分成8等分捏成飯糰。

MEMO
番茄乾以乾燥的狀態放入就OK。

生火腿起司
沙拉風飯糰

也可以當成
點心享用

▶ **材料（分量8顆）**

米飯 … 1杯（約330g）

生火腿（切片） … 8片

甜椒（紅、黃） … 各1/4顆

杏仁、義大利荷蘭芹（或自己喜歡的香草） … 適量

A 檸檬汁、橄欖油 … 各1大匙

法式芥末醬（或芥末籽醬）、鹽 … 各1/2小匙

胡椒 … 少許

▶ **作法**

① 將甜椒切丁約5mm大小，放入耐熱容器中加2小匙水（可適量調整），然後用保鮮膜包起來微波加熱1分鐘，拭去水分。杏仁切碎。義大利荷蘭芹留下8片左右裝飾用，將其餘切末。

② 在調理盆中放入A部分的調味料攪拌均勻，再加入米飯和步驟1的配料混合，然後分成8等分捏成飯糰。

③ 生火腿包捲時要露出一部分米飯來，最後將剩下來的義大利荷蘭芹點綴在頂端。

彩色蔬菜飯糰

鮮豔的色彩
讓餐桌更熱鬧

▶ **材料（分量12顆）**

米飯 … 3碗（約480g）

紅色材料

胡蘿蔔 … 20

鮭魚薄片 … 1大匙

紅紫蘇香鬆 … 少許

綠色材料

花椰菜 … 30g

吻仔魚乾 … 1大匙

青菜飯糰調味包 … 1大匙

黃色材料

南瓜（冷凍） … 30g

加工乳酪 … 15g（相當於迷你乳酪1顆）

醬油、鹽 … 各少許

▶ **作法**

1 把胡蘿蔔切成薄薄的圓片，和分成四等分的花椰菜一起放入耐熱容器中，加上1大匙水（可適量調整），用保鮮膜包起來微波加熱2分鐘。之後除去水分，把兩種蔬菜都切成末。注意兩種蔬菜不要混合在一起喔！

2 將南瓜解凍後去皮捏碎。乳酪切成丁，約5mm大小。

3 在一碗分量的米飯中加入紅色的材料混合後分成4等分，捏成飯糰。綠色和黃色也同樣重複這個步驟。

MEMO
雙色一起捏成飯糰感覺更可愛！

迷你炸蝦飯糰

甜辣醬無論
大人小孩都喜歡

▶ **材料（分量8顆）**

米飯 … 1杯（約330g）
綠藻、鹽 … 各少許
A 麵味露（3倍濃縮） … 1大匙
　水 … 2大匙
　砂糖、片栗粉 … 各1/2小匙
　烤海苔 … 適量

混合天婦羅

剝殼蝦 … 70g
料酒 … 1小匙
毛豆（煮過去殼） … 2大匙
胡蘿蔔 … 40g
洋蔥 … 40g
米穀粉（或麵粉） … 4大匙
泡打粉 … 1/4小匙
水 … 2大匙左右
鹽 … 少許
酥炸油 … 適量

▶ **作法**

① 製作混合天婦羅。將剝殼蝦切成約2cm大小，抹上料酒和鹽（可適量調整），然後除去水分。胡蘿蔔和洋蔥切成絲狀約1～2cm長。放入調理盆中，加入混合了泡打粉的米穀粉、毛豆攪拌均勻。接下來逐次加入少量的水混合，等餡料差不多成團後再加入鹽巴。在平底鍋內倒入深度約5mm的酥炸油，以中溫加熱。待油熱後一次放入混合天婦羅餡料的分量1/8，等到兩面都炸的酥脆之後將油瀝掉取出。

② 取一個小鍋放入A部分的調味料攪拌均勻，開火煮到成黏稠狀為止，作為醬汁。

③ 將綠藻和鹽混入米飯中，然後分成8等分。取其中一分放在手掌上攤開，放上步驟1的天婦羅捏成三角飯糰。注意天婦羅的頭部要露出來。接下來再用切成約3cm寬的海苔包起來，最後在天婦羅上淋上步驟2的醬汁。

MEMO 將餡料放在湯匙上慢慢放入油鍋。

雞肉香菇
飯糰 (p.149)

照燒鰤魚
地瓜飯糰 (p.150)

雞肉香菇飯糰

▶ **材料（分量12顆）**

米飯 … 2合
雞腿肉 … 150g
油豆腐皮 … 1片
胡蘿蔔 … 70g
香菇（水煮） … 100g
鴻禧菇 … 1/2包（約50g）
麵味露（3倍濃縮） … 3大匙
鹽 … 少許
小蔥 … 適量

切下來放進去煮好之後就可以享用

▶ **作法**

1. 把雞肉切丁約1.5cm大小，放入保鮮袋中，倒入麵味露混合均勻。將空氣擠壓掉並綁緊袋口，放進冰箱冷藏30分鐘左右。米洗好後放入電子鍋的內鍋，加水浸泡20分鐘左右。水位高度要比2合的標示再稍微低一點。

2. 將香菇切成約2cm大小的薄片、鴻禧菇去掉底部後切成約1.5cm長、油豆腐皮切丁約1cm大小，胡蘿蔔細切成約1.5cm的長度。

3. 在米飯上方鋪上步驟2的材料，再放上步驟1的雞肉，不需混合直接用電子鍋烹煮。

4. 煮好後灑上鹽巴攪拌均勻，然後分成12等分捏成飯糰。最後灑上切成圓圈狀的小蔥。

MEMO 將材料放上去之後，不需攪拌直接蒸煮。

照燒鰤魚地瓜飯糰

加入了地瓜
分量感十足

▶ 材料（分量12顆）

米飯 … 2合
地瓜 … 150g
鹽昆布 … 1大匙
料酒 … 1大匙
鹽 … 1/4小匙
炒過的黑芝麻 … 少許
酸橘 … 適量

青菜

蕪菁葉 … 30g
（可依個人喜好更換青菜）
鹽 … 少許

照燒鰤魚

鰤魚（生魚片） … 12片（約140g）
醬油、料酒 … 各1大匙
味醂 … 2大匙
鹽、胡椒 … 各少許
片栗粉 … 1小匙
沙拉油 … 適量

▶ 作法

① 將米洗好後放入電子鍋的內鍋，加水浸泡20分鐘左右。水位高度要比2合的標示再稍微低一點。把地瓜切丁（約1cm）後先沖洗，再拭去水分。鹽昆布用食物剪刀剪短。接著把米混入料酒和鹽，最上方放上地瓜和鹽昆布，不需要混合直接烹煮。

② 製作青菜。把蕪菁菜灑上鹽用手輕輕搓揉，除去水分，讓蔬菜變軟、同時更容易入味。再來將蕪菁葉切成粗末，用鹽繼續搓揉之後擰乾水分。

③ 製作照燒鰤魚。將鰤魚依序塗上料酒、鹽、胡椒和片栗粉。在預熱好的平底鍋內抹上一層沙拉油，將鰤魚放入以中火煎。等兩面都上色後加入醬油和味醂，煮到魚肉帶有油亮感。用橡膠刮刀將魚肉切成兩半。

④ 把步驟1的炊飯和步驟2的青菜混合後分成12等分，再各自放上兩片步驟3的鰤魚捏成飯糰。最後撒上黑芝麻，旁邊擺上1/4片酸橘。

天然純淨
包容真食

仁舟蜂蠟保鮮布系列

我，為取代保鮮膜而生。

以台灣有機棉布的溫柔和抗菌的天然蜂蠟，為食材保濕，為食物保鮮。以冷水溫柔洗淨，可重複使用。只留新鮮，不留塑化劑。

仁舟蜂蠟保鮮布，呵護家人與這地球的健康。

款式 1

蜂蠟保鮮罩

款式 2

蜂蠟超好蓋

款式 3

蜂蠟基本款

掃描獲得更多
蜂蠟布訊息

【仁舟社會企業】兼具實用性與設計感的淨塑系列產品：

◆ 水源寶育樹盆　　　◆ 葉子餐盤　　　　◆ 無痕飲食系列
◆ 貝殼棉網包　　　　◆ 蜂蠟保鮮布　　　◆ 無痕旅行系列

www.zenzhoultd.com　　　　客服專線：02-8770-6672

仁舟
ZEN ZHOU
仁舟淨塑

生活樹　生活樹系列075

餡料滿滿！手捏爆漿飯糰：
美味‧營養‧簡單，66道便當×野餐×點心都適合的飯糰食譜
具だくさんおにぎり

作　　者	中村美穗	日本工作團隊	
譯　　者	葉明明	版型設計	池田香奈子
總 編 輯	何玉美	攝　　影	山下コウ太
主　　編	紀欣怡	校　　對	東京出版Service Center
責任編輯	李睿薇	編　　輯	池上裕美（KWC）
封面設計	比比司設計工作室		大沢洋子、加藤風花（文化出版局）
版型設計	楊雅屏	日文版發行人	大沼　淳
攝　　影	范麗雯（p.77～81）		

出版發行	采實文化事業股份有限公司
行銷企劃	陳佩宜‧黃于庭‧馮羿勳‧蔡雨庭
業務發行	張世明‧林踏欣‧林坤蓉‧王貞玉
國際版權	王俐雯‧林冠妤
印務採購	曾玉霞
會計行政	王雅蕙‧李韶婉
法律顧問	第一國際法律事務所　余淑杏律師
電子信箱	acme@acmebook.com.tw
采實官網	www.acmebook.com.tw
采實臉書	www.facebook.com/acmebook01

I S B N	978-986-507-022-9
定　　價	320元
初版一刷	2019年8月
劃撥帳號	50148859
劃撥戶名	采實文化事業股份有限公司
	104台北市中山區南京東路二段95號9樓
	電話：(02) 2511-9798　傳真：(02) 2571-3298

國家圖書館出版品預行編目（CIP）資料

餡料滿滿！手捏爆漿飯糰：美味‧營養‧簡單，66道便當×野餐×點心都
適合的飯糰食譜 / 中村美穗作；葉明明譯. -- 初版. -- 臺北市：采實文化，
2019.08
　面；　公分
譯自：具だくさんおにぎり
ISBN 978-986-507-022-9(平裝)

1.飯粥 2.食譜
427.35　　　　　　　　　　　　　　　108009198

GUDAKUSAN ONIGIRI
Copyright © Miho Nakamura 2018
All rights reserved.
Original Japanese edition published in Japan by EDUCATIONAL FOUNDATION
BUNKA GAKUEN BUNKA PUBLISHING BUREAU.
Traditional Chinese edition copyright ©2019 by ACME Publishing Co., Ltd.
Chinese (in complex character) translation rights arranged with EDUCATIONAL
FOUNDATION BUNKA GAKUEN BUNKA PUBLISHING BUREAU
through KEIO CULTURAL ENTERPRISE CO., LTD.

采實出版集團
ACME PUBLISHING GROUP

版權所有，未經同意不得
重製、轉載、翻印